恐龙

[巴西] 克拉丽斯·乌巴 著

[巴西] 洛罗塔 绘

刘思捷 译

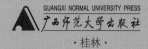

GUANGXI NORMAL UNIVERSITY PRESS

广西师范大学出版社

·桂林·

KONGLONG

出版统筹：汤文辉	美术编辑：卜翠红
品牌总监：耿 磊	版权联络：郭晓晨
选题策划：耿 磊	张立飞
责任编辑：戚 浩	营销编辑：董 薇
助理编辑：王丽杰	责任技编：郭 鹏

CURIOUS KIDS DISCOVER DINOSAUR

Author: Clarice Uba

Illustrator: Lorota

Copyright © 2016 Lume Livros

Simplified Chinese edition © 2021 Guangxi Normal University Press Group Co., Ltd.

All rights reserved.

著作权合同登记号桂图登字：20-2021-148 号

图书在版编目（CIP）数据

恐龙 /（巴西）克拉丽斯·乌巴著；（巴西）洛罗塔绘；刘思捷译. —桂林：广西
师范大学出版社，2021.8
　　（好奇心大发现）
　　ISBN 978-7-5598-3839-1

Ⅰ．①恐… Ⅱ．①克… ②洛… ③刘… Ⅲ．①恐龙—少儿读物 Ⅳ．①Q915.864-49

中国版本图书馆 CIP 数据核字（2021）第 097991 号

广西师范大学出版社出版发行

（广西桂林市五里店路 9 号　邮政编码：541004）
（网址：http://www.bbtpress.com）

出版人：黄轩庄
全国新华书店经销
北京尚唐印刷包装有限公司印刷
（北京市顺义区牛栏山镇腾仁路 11 号　邮政编码：101399）
开本：889 mm × 1 400 mm　1/24
印张：2.5　　字数：60 千字
2021 年 8 月第 1 版　　2021 年 8 月第 1 次印刷
定价：48.00 元

如发现印装质量问题，影响阅读，请与出版社发行部门联系调换。

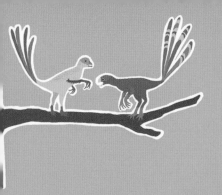

目　录

过去的世界

很久以前，世界上没有狗，没有猫，也没有鸟儿，当然更没有人类了！

（但当时有别的动物，比如恐龙。）

恐龙是史前爬行动物。时至今日，爬行动物依然存在，鳄鱼是爬行动物，壁虎也是。爬行动物大小不一，样子千奇百怪，同样的，每种恐龙也都不一样。

有些恐龙体形庞大，有些身材矮小；有些恐龙凶猛无比，有些则整日只想安安静静地品尝"素食沙拉"；有些恐龙喜欢与朋友共处，有些则喜欢独处。

这些动物生活在数百万年之前，如此遥远的时代已经完全超出了我们的理解范围。为了让自己有一个概念，我们可以将右页的直线看作地球存在至今的时间线（地球非常古老）。

地球存在了很长时间之后，恐龙才出现在这个世界上。与恐龙相比，我们人类出现的时间就更晚了。

人类（我们）

10亿年前

恐龙

虽然现在已经没有恐龙了，但它们可能并没有真正消失。我们看到的在空中飞翔的鸟儿很可能是恐龙的后代。也就是说，这些很久以前的"大怪兽"可能仍然生活在我们中间，只是它们变得更加小巧，或者有些长出了更多羽毛。

3

阿根廷龙

（生活于白垩纪）

　　这个大家伙是迄今为止人类发现的体形最大的陆地动物之一！3辆公共汽车首尾相连也没有它长，它的重量超过10头大象的重量之和，它的脖子比4头长颈鹿的脖子加在一起还要长。

　　但它的头非常小，这意味着阿根廷龙可能不是很聪明。不过，像它这样的大型动物不需要太聪明也能安全度日。

阿根廷龙在地球上生活的时候，还有许多其他巨型恐龙出现。成为其中体形最大的一个，这是一种防止其他食肉动物来找麻烦的有效方式。

（为什么阿根廷龙长得如此巨大？）

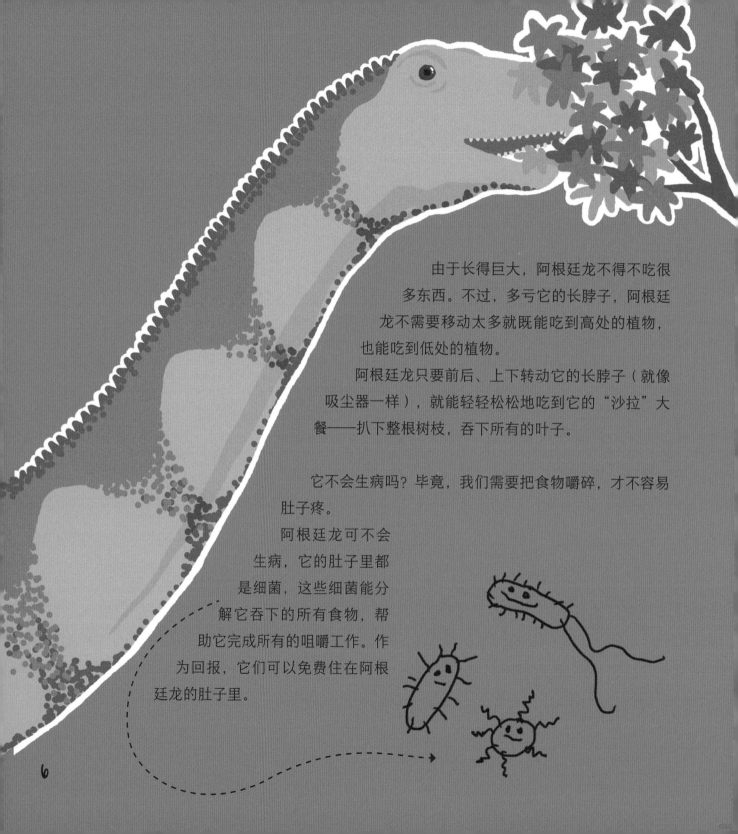

由于长得巨大，阿根廷龙不得不吃很多东西。不过，多亏它的长脖子，阿根廷龙不需要移动太多就既能吃到高处的植物，也能吃到低处的植物。

阿根廷龙只要前后、上下转动它的长脖子（就像吸尘器一样），就能轻轻松松地吃到它的"沙拉"大餐——扒下整根树枝，吞下所有的叶子。

它不会生病吗？毕竟，我们需要把食物嚼碎，才不容易肚子疼。

阿根廷龙可不会生病，它的肚子里都是细菌，这些细菌能分解它吞下的所有食物，帮助它完成所有的咀嚼工作。作为回报，它们可以免费住在阿根廷龙的肚子里。

虽然阿根廷龙体形巨大，但它出生时很小巧。阿根廷龙的幼崽孵化出来时一般只有 5 千克重，之后需要经历很长的时间，大约 40 年才能长成真正的庞然大物。阿根廷龙喜欢群居生活，这对于幼龙来说无疑是一件好事，因为年长的阿根廷龙会保护和照顾幼龙。

你能想象阿根廷龙家族外出散步时会有多么大的动静吗？

耀龙

（生活于侏罗纪）

　　并不是所有恐龙的体形都巨大无比，耀龙（多么奇怪的名字）长得就非常小。

　　像耀龙这样小的恐龙是如何在有那么多大恐龙的环境中生存下来的呢？

（"耀"在何处呢？）

　　这种迷你恐龙更喜欢生活在森林里，它的爪子非常适合攀爬树干和树枝。所以小耀耀（我们不如给它起这样一个昵称吧）大部分时间在树顶上生活。

　　小耀耀长着一张非常滑稽的嘴：它的嘴和鸟喙一样，只在上下颌的前端长着尖利的牙齿。这是因为小耀耀从不咀嚼它吃进嘴里的东西，它只是用嘴咬住食物，然后囫囵吞进肚子。

　　小耀耀最喜欢的食物就是胖乎乎的甲虫幼虫——这种小虫子生活在树干上的洞里。正因为如此，小耀耀的长手指总能派上大用场。有了它们，小耀耀甚至可以把藏在树洞最深处的幼虫拽出来，然后好好享用一顿大餐。

如果小耀耀从树上掉下来，或者不得不爬到地上来呢？要是别的动物想抓住它呢？其实，小耀耀靠着它的大长腿，可以健步如飞，三两下便能爬回它最喜欢待着的树上。

小耀耀的身体上覆盖着绒羽。这些羽毛对飞行没有帮助，但可以保暖。许多动物的皮毛都有这样的功能。

小耀耀的羽毛中，最神奇的还是位于尾巴上的那四根长羽毛。它们既不是用来辅助飞行的，也不是用来保暖的。它们的作用，有点儿像孔雀的尾羽，在可爱的雌性小耀耀面前展示自己的魅力，而且如果有别的动物要偷吃小耀耀的食物，这几根羽毛展开后会让它显得高大，吓跑要偷吃食物的动物。

（ 小耀耀什么时候会感到难过呢？ ）

恐龙可能是鸟类的祖先，越来越多的科学家认为它们是最早长出羽毛的动物。起初，长出羽毛只是为了保暖，并让自己看起来更漂亮一些（就像小耀耀一样）。至于飞行，那是后来的事情了。

11

剑龙

（生活于侏罗纪）

剑龙这种恐龙，几乎人人都知道。如果你看过关于恐龙的书籍、电影，你一定见到过它们。剑龙算得上是恐龙世界里的超级明星。

剑龙有许多种类，其中最著名的一种叫作装甲剑龙。

虽然剑龙的体形没有阿根廷龙那么大，但它也同样大得吓人。这种恐龙看起来和一辆公共汽车差不多大，它的体重甚至超过了大象！

剑龙尽管体形巨大，却是一种植食性恐龙。它的脖子很短，只能吃很矮的植物——在那个时期多半是一些蕨类植物和苔藓。如果运气好，它或许能吃到从树上掉下来的果实。

剑龙的嘴呈喙状，下颚只有几颗牙齿。有趣的是，它的上下颌的咬合力很弱，因此它只能吃植物的茎叶。

剑龙不是跑得很快的那种恐龙，因此当它生存在地球上时，许多巨大而凶猛的食肉动物喜欢把它当作晚餐。

13

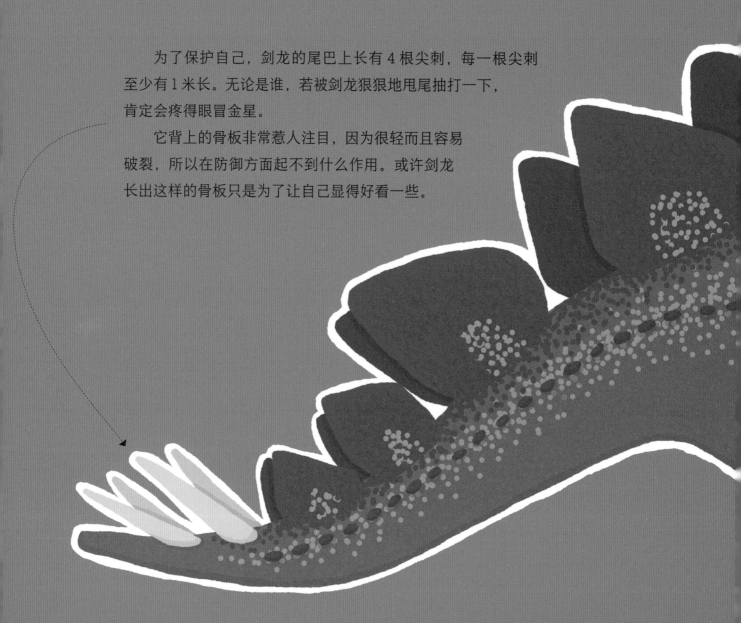

　　为了保护自己，剑龙的尾巴上长有 4 根尖刺，每一根尖刺至少有 1 米长。无论是谁，若被剑龙狠狠地甩尾抽打一下，肯定会疼得眼冒金星。

　　它背上的骨板非常惹人注目，因为很轻而且容易破裂，所以在防御方面起不到什么作用。或许剑龙长出这样的骨板只是为了让自己显得好看一些。

与如此巨大的体形相比，剑龙的头小得几乎可以忽略不计，所以，它不会很聪明。

但剑龙对此毫不在意。它整日吃各种植物，时不时甩尾回击一些对它不怀好意的恐龙，日子过得非常开心。

霸王龙

（生活于白垩纪）

霸王龙也被称为雷克斯暴龙，它一定是世界上最广为人知的恐龙了，就连那些根本不喜欢恐龙的人都知道它。

能够做到家喻户晓绝非偶然，霸王龙可能是地球上有史以来最厉害的肉食性恐龙。

霸王龙和大象体重相当，和长颈鹿度身高相当，和大型公共汽车长度相当！如此巨大的身体上有一个硕大的脑袋和一张非常厉害的嘴，嘴里则满是香蕉大小的牙齿。

不仅如此，霸王龙的嗅觉也非常灵敏，比大的嗅觉还灵敏。此外，它的视力也很好。

说实话，这并没有什么了不起的，但与其他恐龙相比，霸王龙简直太聪明了，是那个时代最聪明的巨型食肉动物之一。

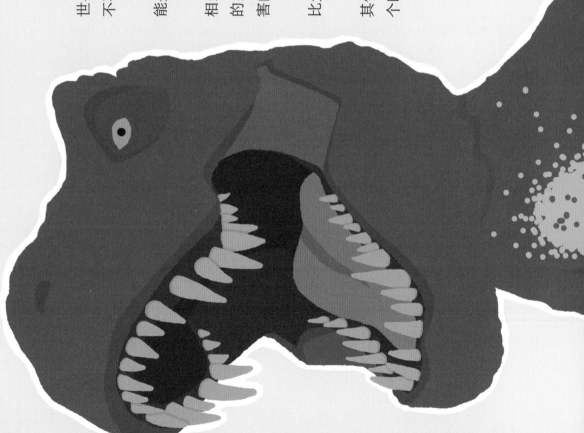

然而，这样一头巨型怪兽居然长着一对非常小的前肢，真是太滑稽了。

因为霸王龙的头很大，所以它的前肢就得很小，以确保它的整个身体不会前倾。

虽然霸王龙长着这么滑稽的前肢，但谁也不会愿意碰到一头饥饿的霸王龙。

不过，霸王龙的食物都是一些和它体形差不多或比它还要大的恐龙，所以我们不能断言它的日子过得非常安逸。

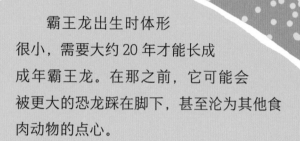

霸王龙出生时体形很小，需要大约 20 年才能长成成年霸王龙。在那之前，它可能会被更大的恐龙踩在脚下，甚至沦为其他食肉动物的点心。

成年霸王龙会捕猎一些体形庞大的恐龙（有些长着角、尖刺或铠甲）。那些恐龙不想束手就擒，沦为霸王龙的美餐，所以许多霸王龙会在战斗中被打得伤痕累累，最后只能饥肠辘辘地饮恨离开。

因为鸟类很有可能是恐龙的后代，据此推测霸王龙很有可能长有羽毛。不过这些羽毛可能不是用来飞行的，而是用于保暖和装扮自己的。

想象一下，如果霸王龙的身上长着五彩斑斓的羽毛会是什么样子呢？要是它看上去像一只漂亮的公鸡，也许就不会那么吓人了！

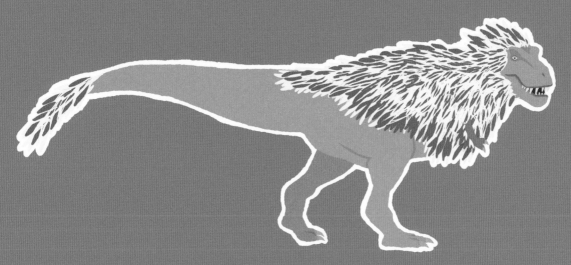

副栉龙

（生活于白垩纪）

副栉龙是当时一种非常常见的植食性恐龙。在它生活的那个年代，地球上有数百万只副栉龙。副栉龙喜欢大范围群居，经常会出现上百只副栉龙生活在一起的情况。

20

与生活在今天的动物相比，副栉龙的体形巨大无比，但在当时，它顶多算是一种个头普通的恐龙。副栉龙跑得不快——紧急关头，它会直起身，依靠后腿跑一会儿。大多数时候，副栉龙都是待在原地，四肢安稳地踩在地上，静静地吃东西。

副栉龙没有盔甲，没有刺，也没有角。为了避免沦为食肉动物的点心，副栉龙采取的保护措施是与一大群朋友生活在一起。当一些副栉龙进食的时候，另一些则负责站岗。如果有捕食者出现，它们就会朝同一个方向逃跑，不让自己落单。

副栉龙喜欢吃各种植物。就算是最坚硬的树枝，它也能一口咬断，因为它的嘴巴里长有大约 120 颗牙齿！今天，一个成年人也只有 28~32 颗牙齿，所以 120 颗真的是一大堆了。而且如果一颗牙齿脱落了，在同样的地方还会再长出一颗。

这些牙齿能够很好地帮助副栉龙咀嚼食物。嚼碎后的食物更容易消化，也能更快转化为能量。

副栖龙头上那个有趣的冠饰有什么作用呢？这个冠饰是中空结构，作用可能和号角一样，副栖龙可以用它发出类似于大象发出的声音，而且每一只副栖龙的"嗓音"都与其他副栖龙的略有不同。

发出声音也是一种有效的报警方式，不仅如此，副栖龙通过发出声音还能唤回幼崽和朋友，给异性留下深刻的印象。副栖龙的冠饰很可能是五颜六色的，而且每只副栖龙都拥有独一无二的冠饰，这样既能凸显自己的美丽，也能区分彼此。

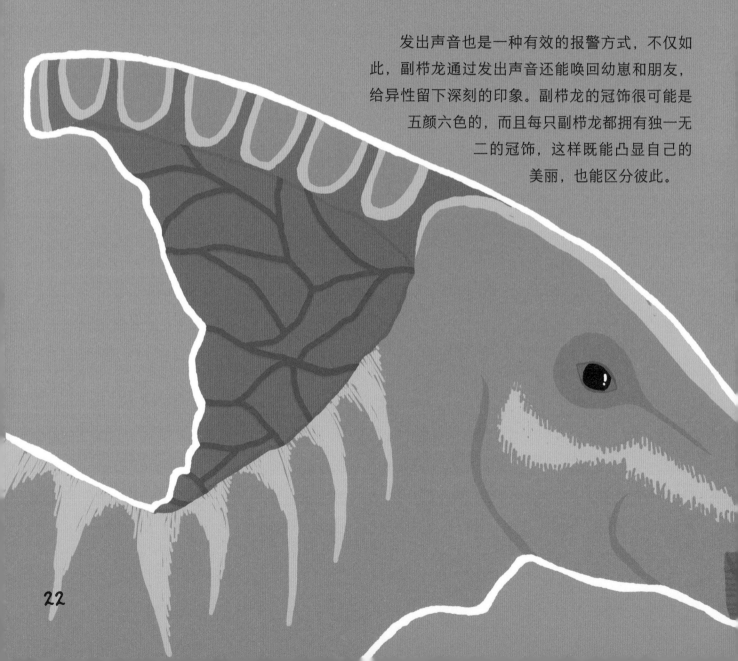

副栉龙真的是非常喜欢结伴而行，甚至会聚在一起筑巢。在同一个地方，可能存有数千个副栉龙的巢穴，每一个巢穴里面都可能有幼龙。

　　由于幼龙的小嘴还不够强壮，父母会把东西嚼碎了喂给它。你会不会觉得这样做很恶心？副栉龙可不这么觉得。你知道吗，还有很多动物也会把食物嚼碎后喂给自己的宝宝。

犹他盗龙

你一定不想碰到犹他盗龙。因为犹他盗龙虽然不是像霸王龙那样的庞然大物，但它仍然是一种非常凶猛的肉食性恐龙。

犹他盗龙是迅猛龙属中个头最大的恐龙，而伶盗龙——犹他盗龙最有名的"亲戚"，个头只有火鸡那么大！

24

犹他盗龙生活的年代远在伶盗龙之前，所以它们从未见过面。这对于小伶盗龙来说着实非常幸运，因为犹他盗龙的体形确实很大。犹他盗龙有 7 米多长——和一辆货车一样长，比一只成年北极熊还重。

　　除了体形巨大之外，犹他盗龙还有许多其他武器。它的每只脚上都长有又长又锋利的爪子，跳起来就能攻击其他动物，就更不用说它满嘴的尖牙了。

　　据推测，犹他盗龙可能长有羽毛，那么，这些羽毛有什么用处呢？一只如此凶猛的恐龙长着这么多羽毛，看上去似乎有些好笑，但羽毛能帮助它保暖，让它在敌人眼中显得更加魁梧，在朋友眼中显得更加帅气。至于前肢和尾巴上的羽毛，它们或许能帮助犹他盗龙在跳跃或奔跑时保持平衡。

犹他盗龙是我们已知的奔跑速度非常快的恐龙之一，每小时至少能跑30千米（人类每小时大约能跑12千米）。它不费吹灰之力便能将一个人变成自己的午餐，幸好它没在我们身边！

犹他盗龙并不是同时期地球上最大的肉食性恐龙，但它可能是非常聪明的（对于其他恐龙来说），因为它会成群猎食。也就是说，犹他盗龙的猎物要躲避的不是仅仅一个捕食者，而是一群饥饿、聪明、懂得团队协作的捕食者。

所有这些特征都让犹他盗龙看起来像一个怪物，但它和其他动物其实没有什么区别。它喜欢吃肉，所以它得捕猎。或许，如果有可能的话，它甚至会喜欢吃树叶，因为树叶不会用长满尖刺的尾巴或角回击它。

不仅如此，它还是一种非常合群的恐龙，喜欢与朋友、家人一起生活，彼此照顾。

27

多智龙

（生活于白垩纪）

多智龙是一种非常奇怪的恐龙。它看起来很像是甲虫和坦克的混合体：身材矮小，盔甲厚重，背上长满尖刺，尾巴末端还有一个大锤子。想找这个脾气暴躁的植食性动物的麻烦，你得非常勇敢才行。

多智龙并不是唯一一种身上长着漂亮盔甲并且拥有许多武器的恐龙，不管是在它生存的年代之前还是之后，地球上都有许多其他像坦克一样的恐龙。多智龙是大型恐龙中比较大的一种——几乎有 9 米长，体重比大象还要重！

由于全身覆盖着沉重的盔甲，多智龙几乎无法奔跑，但它也绝对不是一个容易被攻击的目标。肉食性动物如果要攻击多智龙，就必须咬穿它布满尖刺的坚硬盔甲，同时还要扛住多智龙尾巴上骨锤的连连重击。

多智龙的尾巴非常僵硬，无法随意摆动，只能从一边摆向另外一边。但正因为如此，它的尾巴在击打时会更加有力，尾巴尖上的骨锤只需一击就能打断诸如特暴龙等恐龙的腿。

想要吃掉多智龙的最好办法就是让它仰面倒在地上，但多智龙的腿很短，行走时身体非常靠近地面，所以想要让它仰面倒在地上，说起来容易，做起来会很困难。

　　多智龙生活的地区距离沙漠很近，非
常干燥。那里植被稀少，所以只要短脖子
可以够到的植物，它通通会吃进肚子里。
多智龙的嘴巴非常有力，有许多牙齿，可
以轻易将植物咬碎，包括最干燥、最坚硬、
最多刺的树枝。

据我们所知，多智龙是一种喜欢独居的动物，也许是因为在它生活的地方，独自觅食比为一个家庭寻找食物更加容易。

多智龙身体的各个部位都有保护自己的功能，独自生存对于它来说不是什么大问题。

手工制作趣味

快来动手制作属于你的
恐龙模型吧!

我们一起来制作吧

以下列出了制作恐龙模型所需的材料！

（遇到困难，记得向家长求助哦。）

你需要：

 满满的好奇心！（这一点你已经有了，对吧？）

 胶水。

 木签子。

 用来保护桌面的旧报纸、杂志或一张纸。

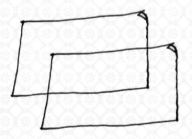

一切准备就绪!

按照以下步骤操作，确保不出错:

每个恐龙模型都是由若干纸片组成的。首先，找到你准备制作的恐龙模型，将组成它的所有纸片拆下来。

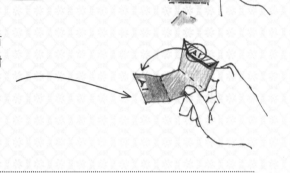

你会发现纸片折叠处的材质偏软。稍微用力折一下折叠处，方便粘贴。

有些纸片的边缘标有一个字母和一个数字。将标有相同编号的两处粘贴起来，比如A1对应粘贴A1，A2对应粘贴A2……直至粘贴完成手中的这张纸片。

记得用准备好的纸保护桌面哟!

> ! 小提示：粘贴纸片边缘时，用手捏紧粘贴处直至胶水完全变干，然后再继续粘贴下一处。

你会发现有些纸片的边缘标有两个字母和一个数字，比如纸片 A 上标有 A+B1，纸片 B 上也有同样的标记，这就是纸片 A 与纸片 B 需要粘贴在一起的地方。

快把它们粘贴起来吧!

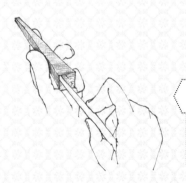

> ! 小提示：纸片合拢时，如果连接处较难捏紧，可以将蘸了适量胶水的木签子伸入较难捏紧的部位，涂抹胶水后再次压紧即可。

大功告成

现在，制作恐龙模型的所有部件都准备好了，你只需把它们全部粘贴起来就大功告成了。

⚠ 每一个恐龙模型的部件在制作时都要遵循一定的顺序，如下所示：

 **多智龙**

难度等级：中

像这样粘贴部件：

尾巴：将部件 A 粘到部件 B 上。

身体：将部件 E 粘到部件 D 上，然后在部件 C（肚子）处合拢。

头部：部件 F。

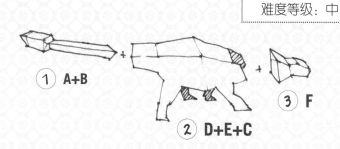

① A+B

② D+E+C

③ F

{ 所有部件准备就绪后，首先将尾巴粘到身体上，然后将头部插入身体中。 }

 **阿根廷龙**

难度等级：中

像这样粘贴部件：

尾巴：部件 B。

身体：将部件 D 粘到部件 E 上，然后在部件 C（肚子）处合拢。

头部：部件 A。

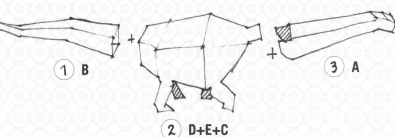

① B

② D+E+C

③ A

{ 所有部件准备就绪后，首先将尾巴粘到身体上，然后将头部粘到身体上。 }

剑龙

像这样粘贴部件：

尾巴和身体：将部件 E 和部件 F 粘到部件 D 上。然后粘贴部件 C，合拢身体。

头部：将部件 A 粘到部件 B 上。

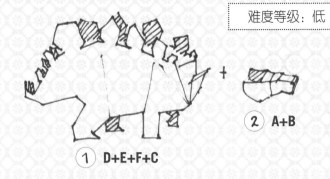

难度等级：低

① D+E+F+C

② A+B

{ 所有部件准备就绪后，首先将尾巴和身体粘好，然后将头部插入身体中。 }

霸王龙

像这样粘贴部件：

尾巴：部件 B。

身体：将部件 C（小胳膊）粘到部件 D 上。

头部：部件 A。

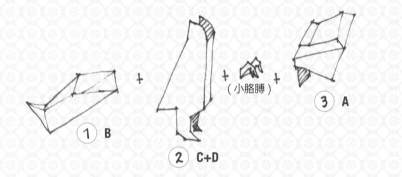

难度等级：低

① B

② C+D

（小胳膊）

③ A

{ 所有部件准备就绪后，首先将尾巴粘到身体上，然后将头部粘到身体上。 }

犹他盗龙

像这样粘贴部件：

尾巴：部件 B。

身体：将部件 E 粘到部件 D 内并在部件 C（肚子）处合拢。

头部：部件 A。

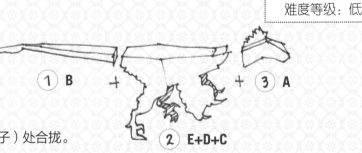

难度等级：低

① B

② E+D+C

③ A

{ 所有部件准备就绪后，首先将尾巴粘到身体上，然后将头部粘到身体上。 }

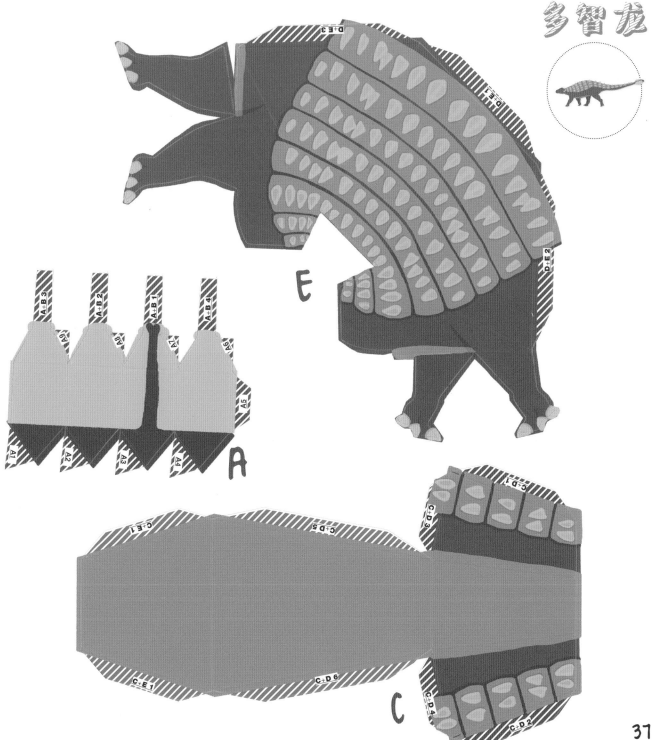

多智龙

E

A+B 3 A+B 2 A+B 1 A+B 4
A9 A8 A7 A6
A5
A1 A2 A3 A4

A

D+E 3
D+E 2

C+D 1
C+D 3
C+E 1
C+D 5
C+D 6
C+D 4
C+D 2

C

37

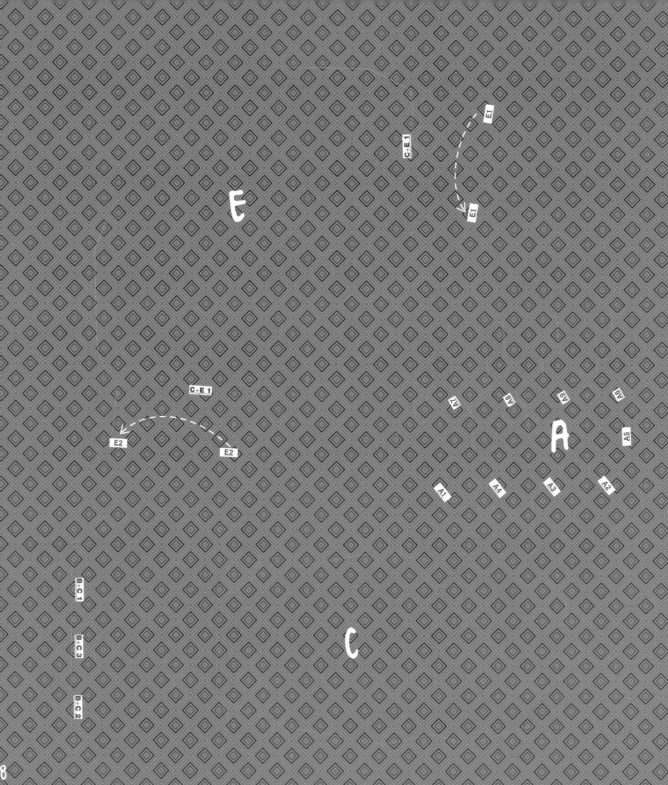

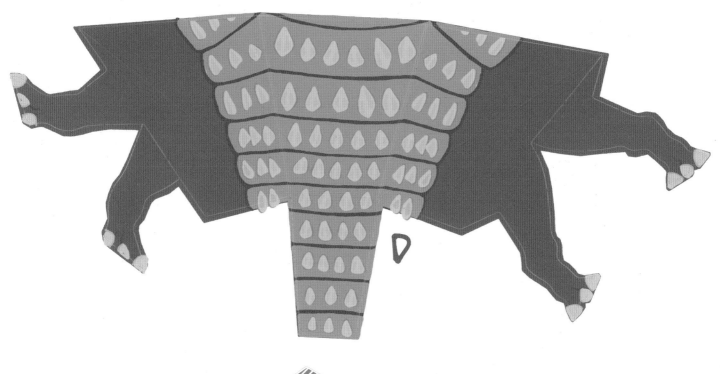

D

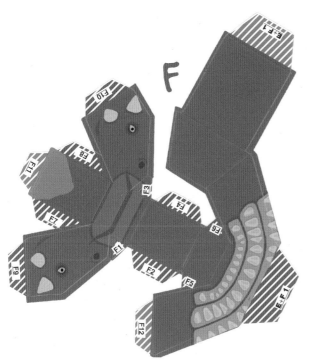

F

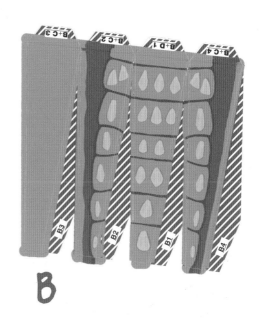

B

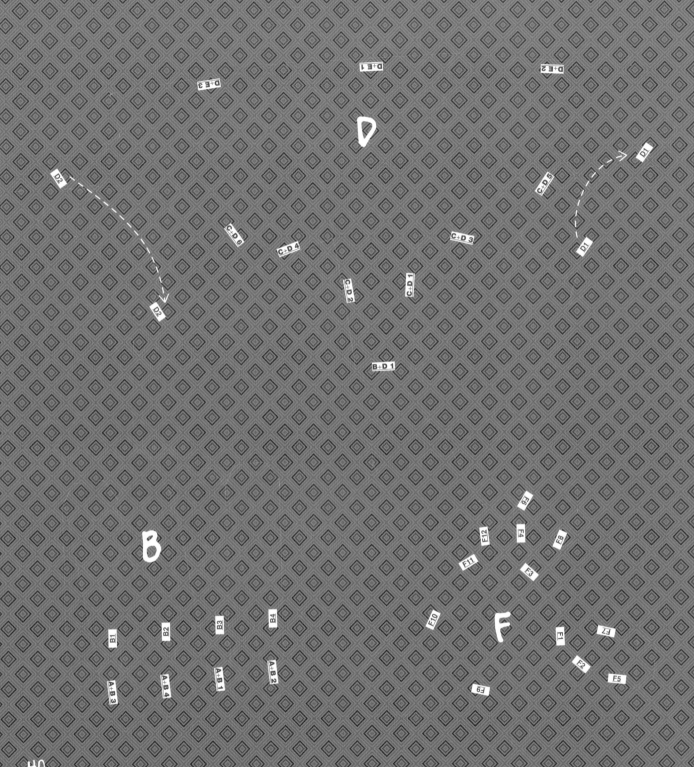

D+E 1

D+E 2

D+E 3

D

D2

C+D 5

D1

C+D 6

C+D 4

C+D 3

D1

C+D 2

C+D 1

D2

B+D 1

F9

F12   F4   F8

F11   F3

B

F10   F   F1   F7

B3   B4   F2

B1   B2   F5

A+B 1   A+B 2   F6

A+B 3   A+B 4

40

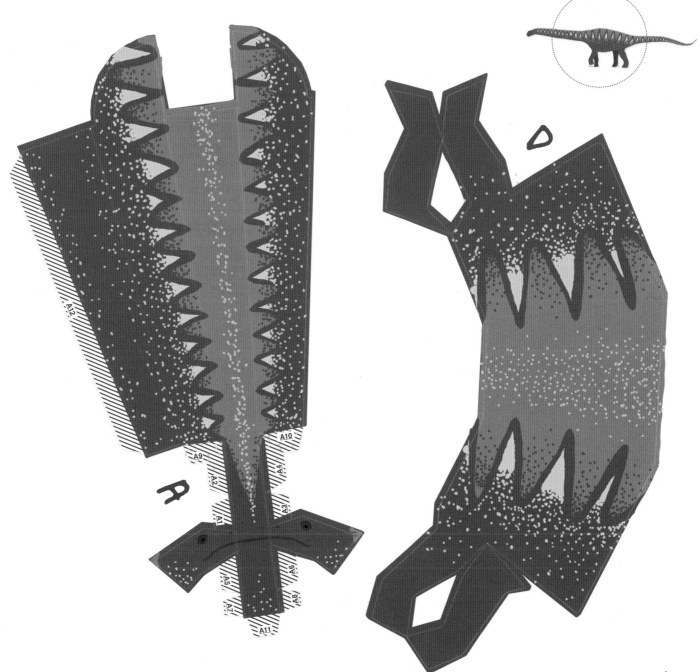

阿根廷龙

A

A12
A9
A2
A1
A5
A7
A11
A10
A4
A3
A6
A8

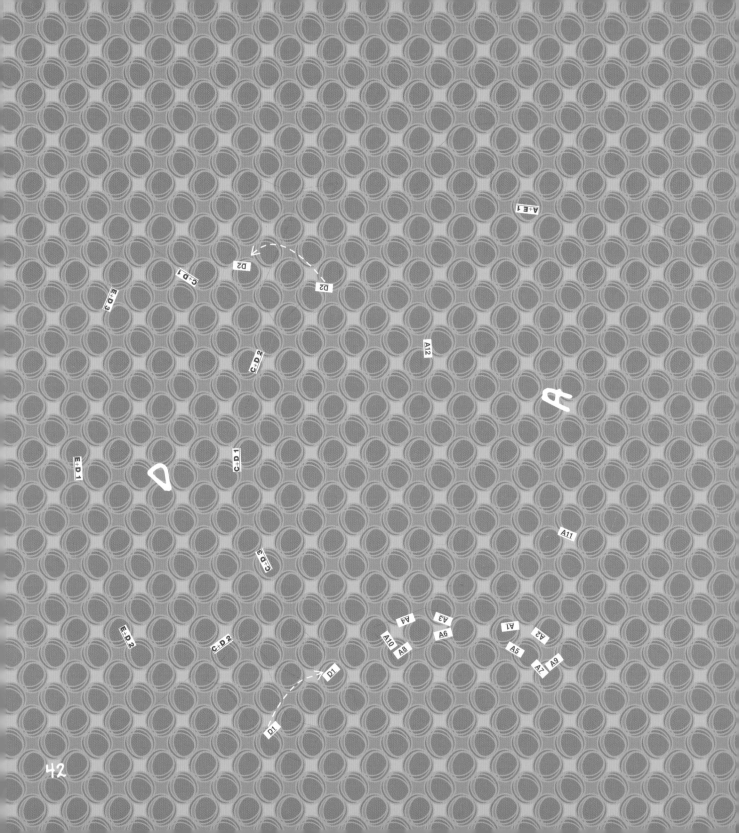

C

E

B

AE1

C+D2
C+D1
C+D3
C1
C+D2'
C+D1'
C+E1
C+E2

E+D3
E+D1
E+D2

B8
B10
B6
B5
B7
B9
B+C4

B+C3
B2
B4
B+C1
B1
B3
B+C2

43

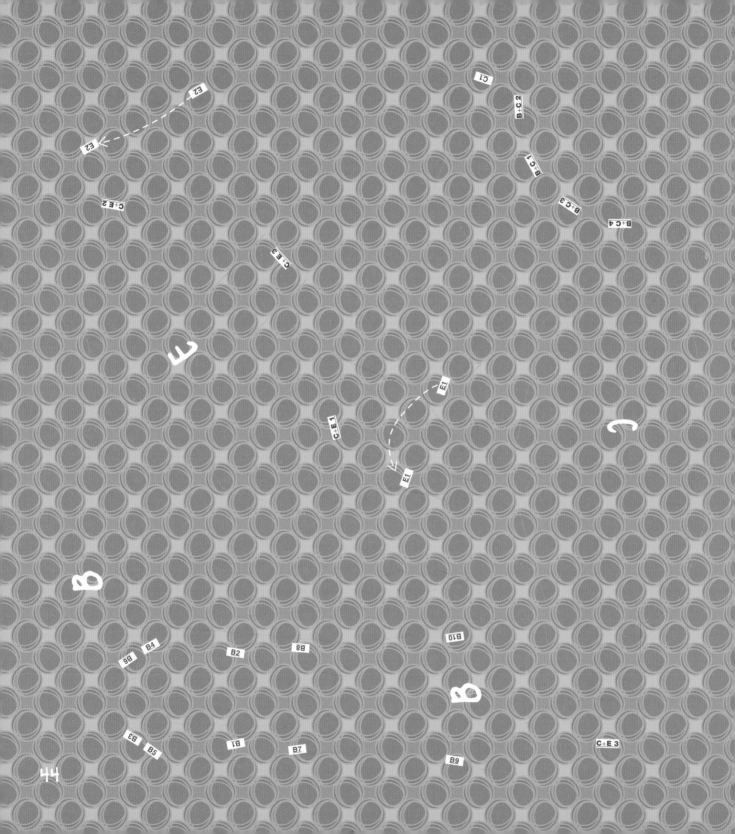

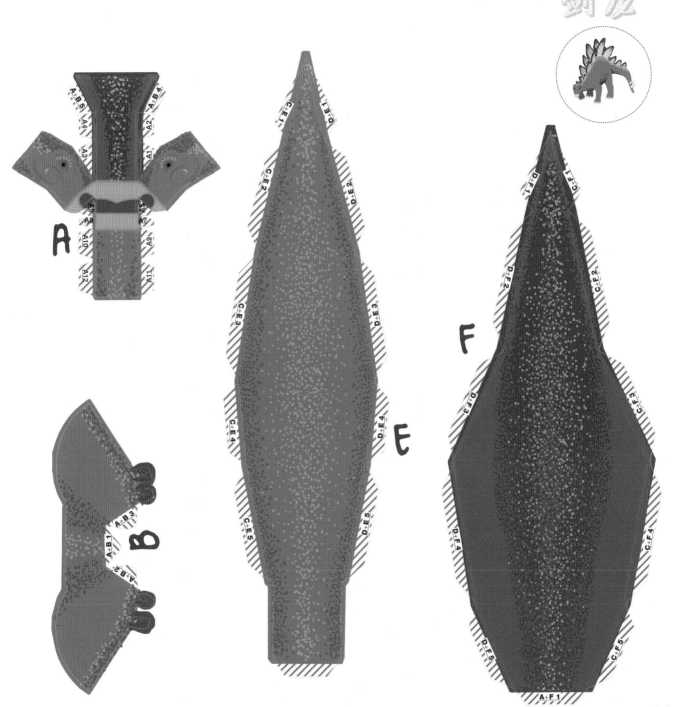

剑龙

45

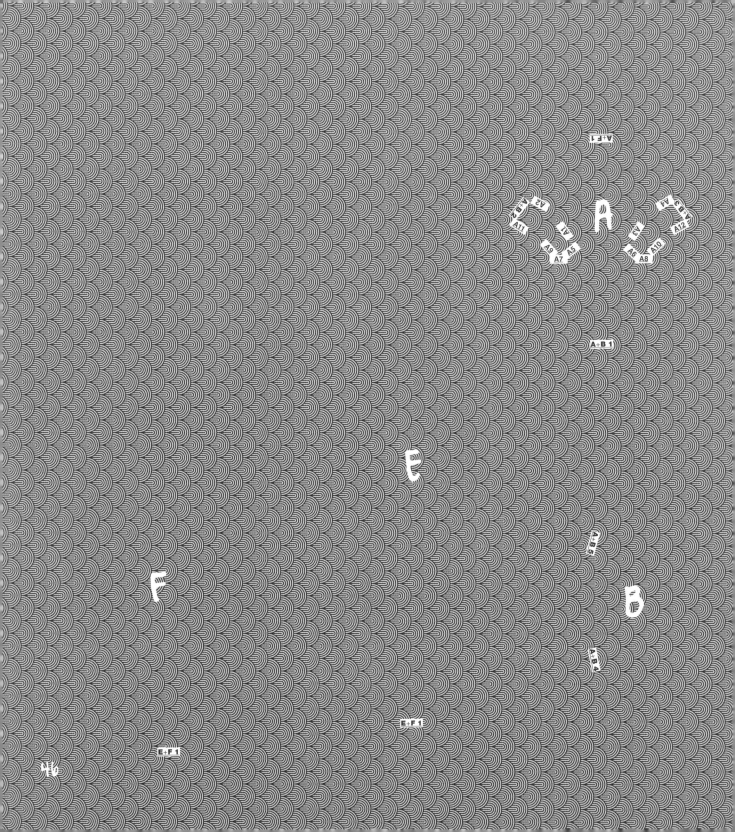

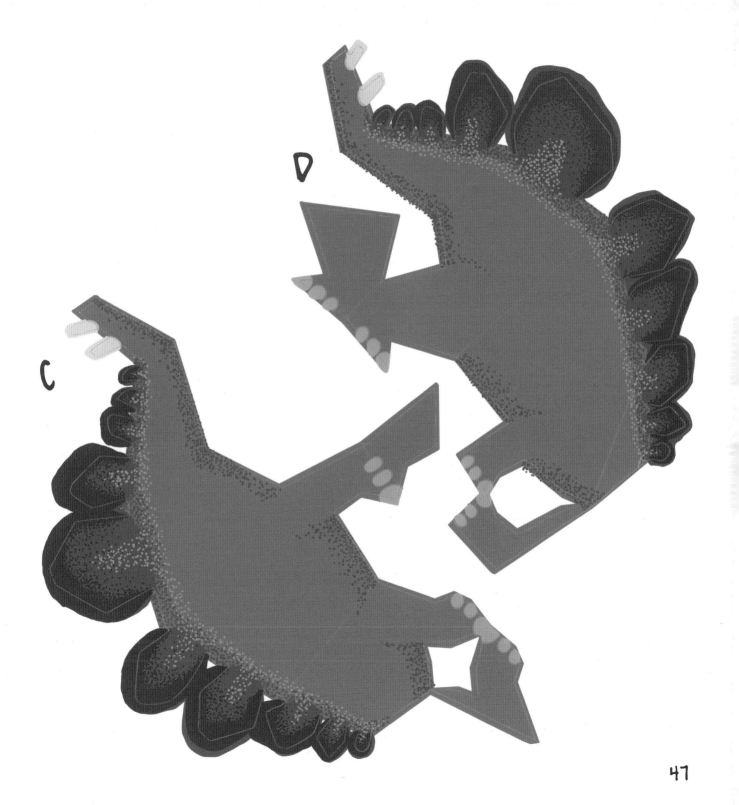

C

D

47

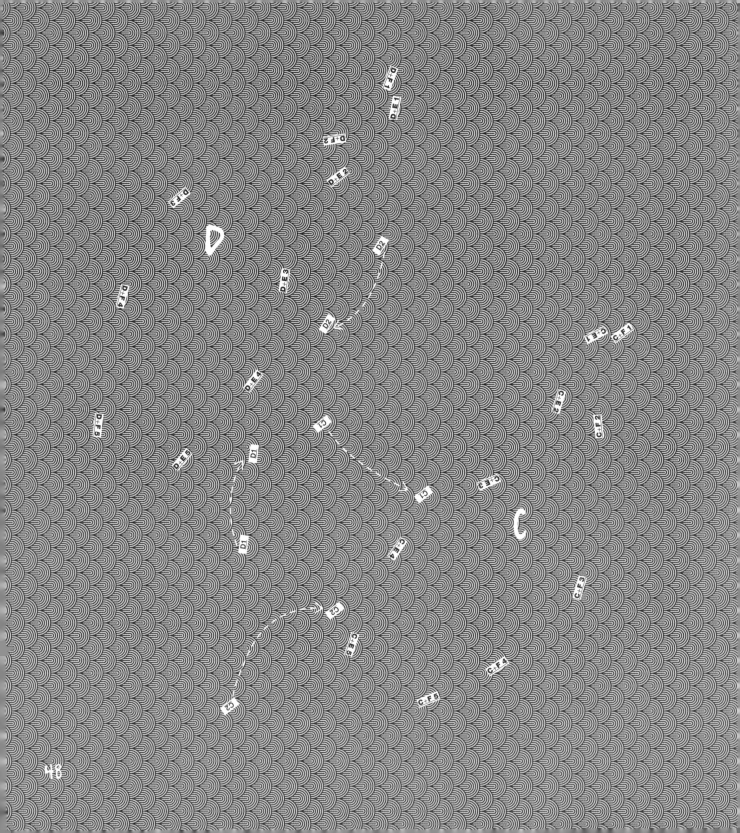

48

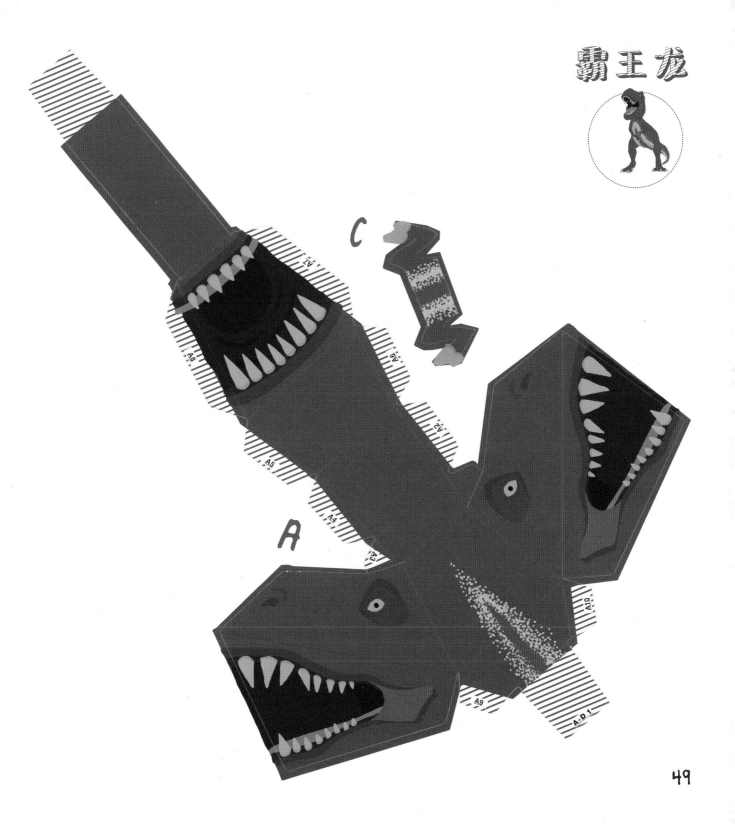

霸王龙

C

A

A1
A8
A6
A7
A2
A5
A4
A3
A10
A9
A-D 1

49

50

A11

C   C+D.1

A7

A6

A2

A1

A10   A   A3   A4   A5

A9   A8

A11

AY1

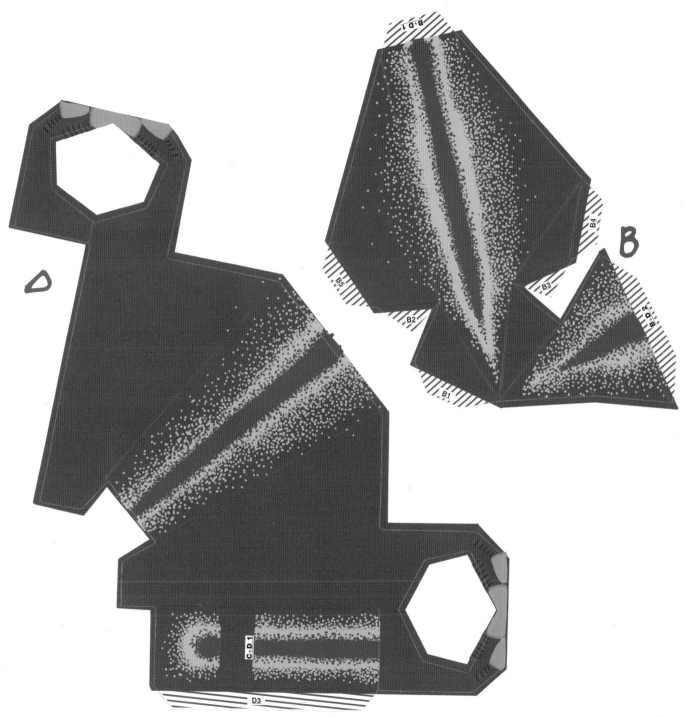

D

B

B+D 1

B5

B2

B1

B3

B4

B+D 2

C+D 1

D3

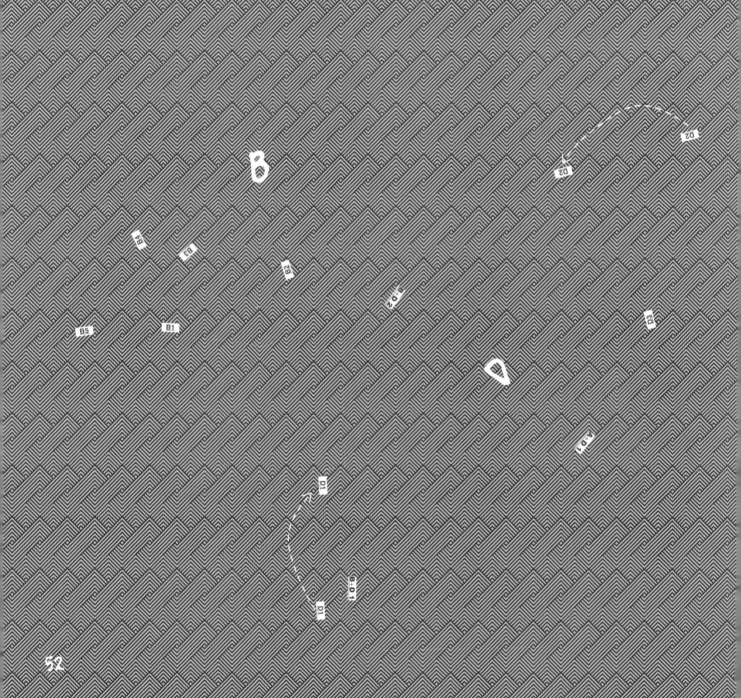

52

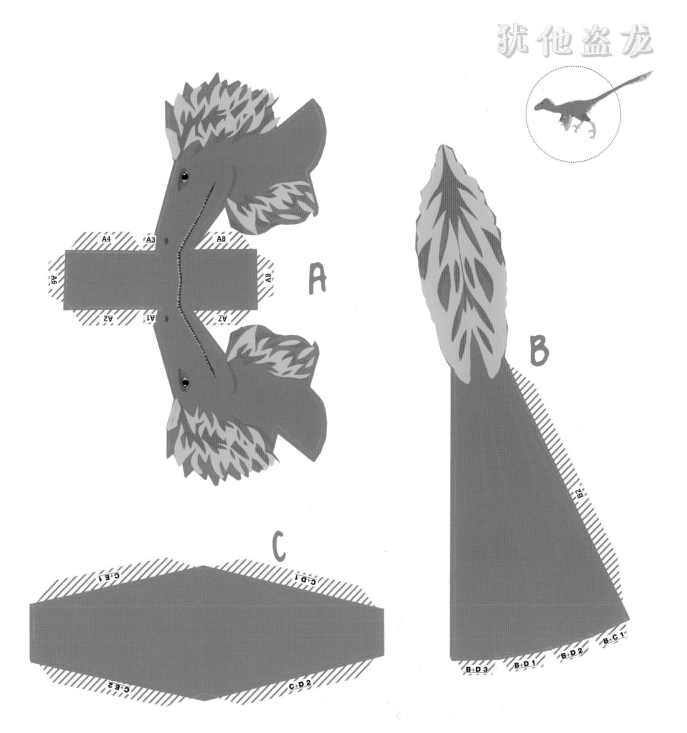

犹他盗龙

A

B

C

A4　A3　A8

A6　　　　　　A9

A2　A1　A7

B2

B+D3　B+D1　B+D2　B+C1

C+E1　C+D1

C+E2　C+D2

53

A5

A+E 1

A6

A4

A9

A8

A10

A3

A

A1

A10

A9

A7

A2

A6

A+E 1

A5

B1

B1

B

B2

B+D 1

C

54

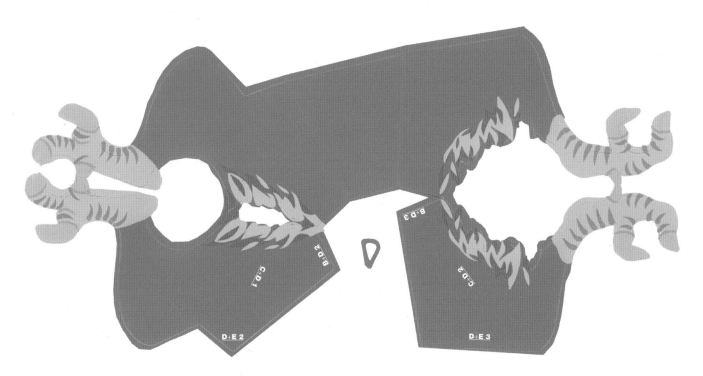

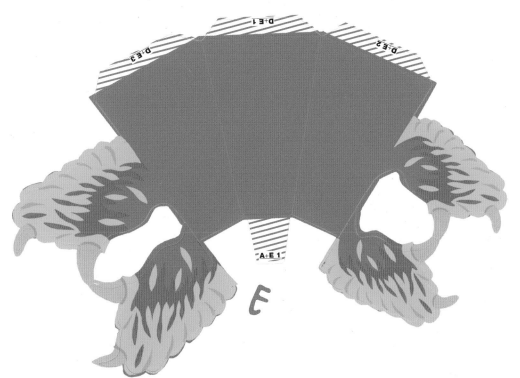

D2

D+E1

D1

B+D 1

D1

D2

E

E1

C+E1

C+E2

E2

E1

E2

56